疯狂的生物

洋洋兔·编绘

科学普及出版社

·北 京·

图书在版编目（CIP）数据

疯狂的生物. 人体 / 洋洋兔编绘. -- 北京 : 科学普及出版社, 2021.6（2024.4重印）
ISBN 978-7-110-10240-4

Ⅰ. ①疯… Ⅱ. ①洋… Ⅲ. ①生物学－少儿读物②人体－少儿读物 Ⅳ. ①Q-49②R32-49

中国版本图书馆CIP数据核字(2021)第001382号

目录

二氧化碳

开启人体内部之旅

这一天，有两个小家伙躲在一个汉堡里。

食物无法直接进入人体里，我们吃下食物后，要进行咀嚼和唾液加工，并初步分解淀粉。

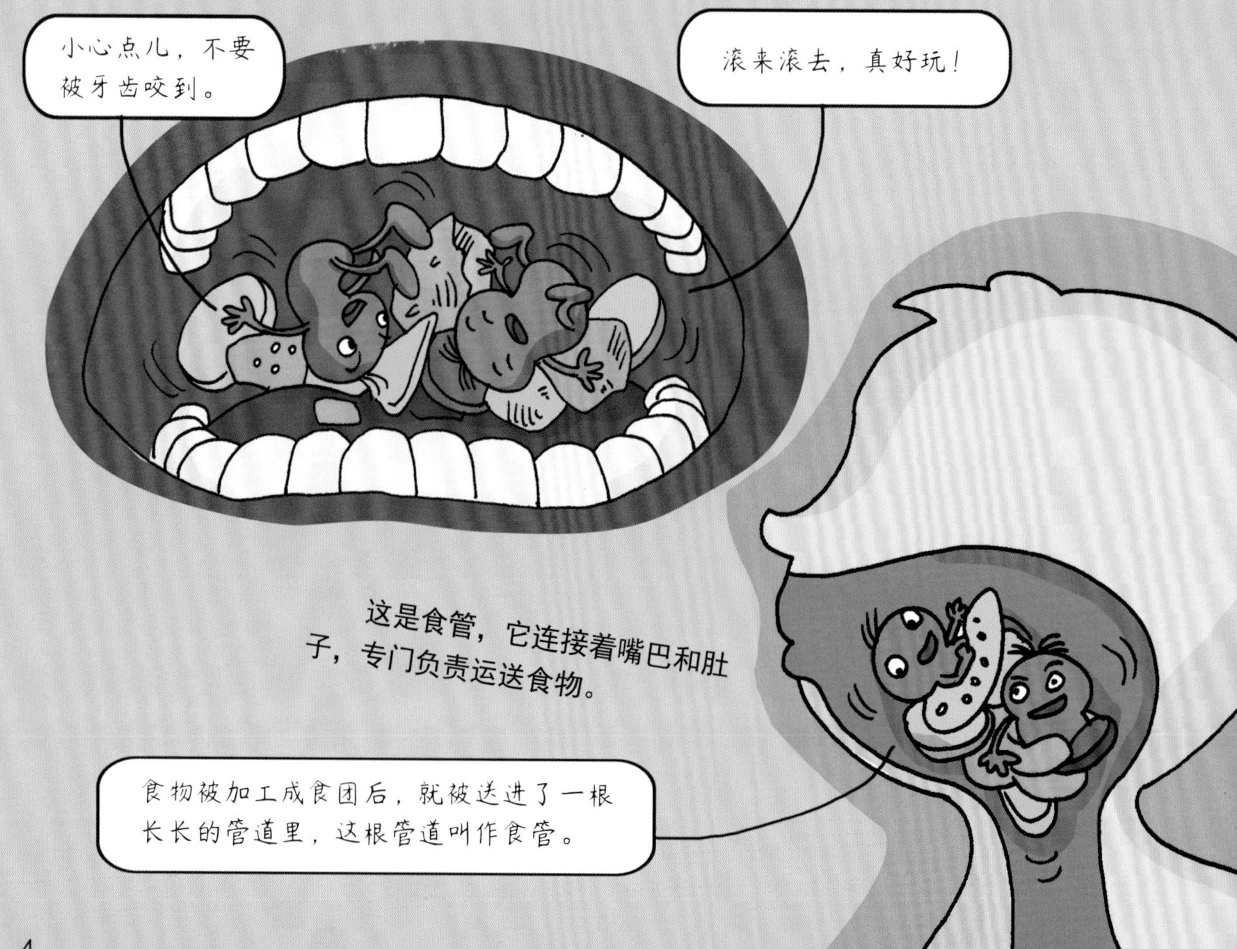

这是食管，它连接着嘴巴和肚子，专门负责运送食物。

在食管里短暂停留后，食物会被送进胃里，食物要在这里待上好几个小时。

胃是一个大型的食物加工中心，它会不停地蠕动，把食物研磨得更小、更碎。

胃会分泌大量胃液，初步分解蛋白质。这些胃液里有盐酸，可以防止食物腐烂，还能给食物杀菌，保证它们新鲜干净。

最后，胃会把胃液和食物搅拌在一起，让它们变成像糊糊一样的东西。
一切准备好了，出发！
然后，胃会把下面的口打开。这个口连接着小肠，加工后的“糊糊”会被送进那里。
小肠是一条又长又窄的肠道，里面弯弯曲曲的。肠道上长满了许许多多的小绒毛管，它们会伸进“糊糊”里，从里面吸收营养。
小肠是人体最主要的吸收场所，绝大部分的营养都是在这里被吸收的。

营养物质被吸收后，剩下的东西会被送到另外一条肠道。这条肠道比小肠粗很多，叫大肠。

这些没用的东西在大肠里会形成臭臭的“便便”，然后从一扇小门排出身体。

通往全身的血液列车

血液就像一列列火车，给身体各处送去各种所需的物质。经过小肠时，它会装上小肠吸收的营养物质。

血管是血液列车的轨道，它们有粗有细，通往全身。血液列车通过血管把营养送到身体的每个地方。
心脏是血液列车的始发站和终点站。心脏昼夜不歇地跳动，把血液列车一辆辆发射出去，等它们完成任务后又会回到心脏。

呜呜呜！血液列车进站了，许多小不点儿立刻跳下来，去把营养物质装上火车。
你们是……
我们是受邀来学习人体知识的。
其实根本没人邀请我们。
你能为我们讲解一下吗？
当然。我是红细胞，叫我小红就行，因为我的存在，血液才呈现红色。我主要负责运输氧气。
原来是一位搬运工。
我是白细胞，你可以叫我大白。我的任务是消灭入侵的病原体，保护人体安全。
原来是负责安保工作的。
久仰大名啊！

你是血小板吧？
哦！是修理工！
没错，我的工作是在血管受损时，促进伤口的血液凝结，防止失血过多。
辛苦辛苦！
这是个体力活儿啊！
还有我，我是血浆。我不仅要运载前面这三位，还负责运送营养物质和人体产生的垃圾。
血液列车很快就装满了，马上就要出发，回到心脏去。
可以带上我们吗？
当然可以。

肺部交换所

列车回到心脏后，很快就又出发了，这次的目的地是肺。

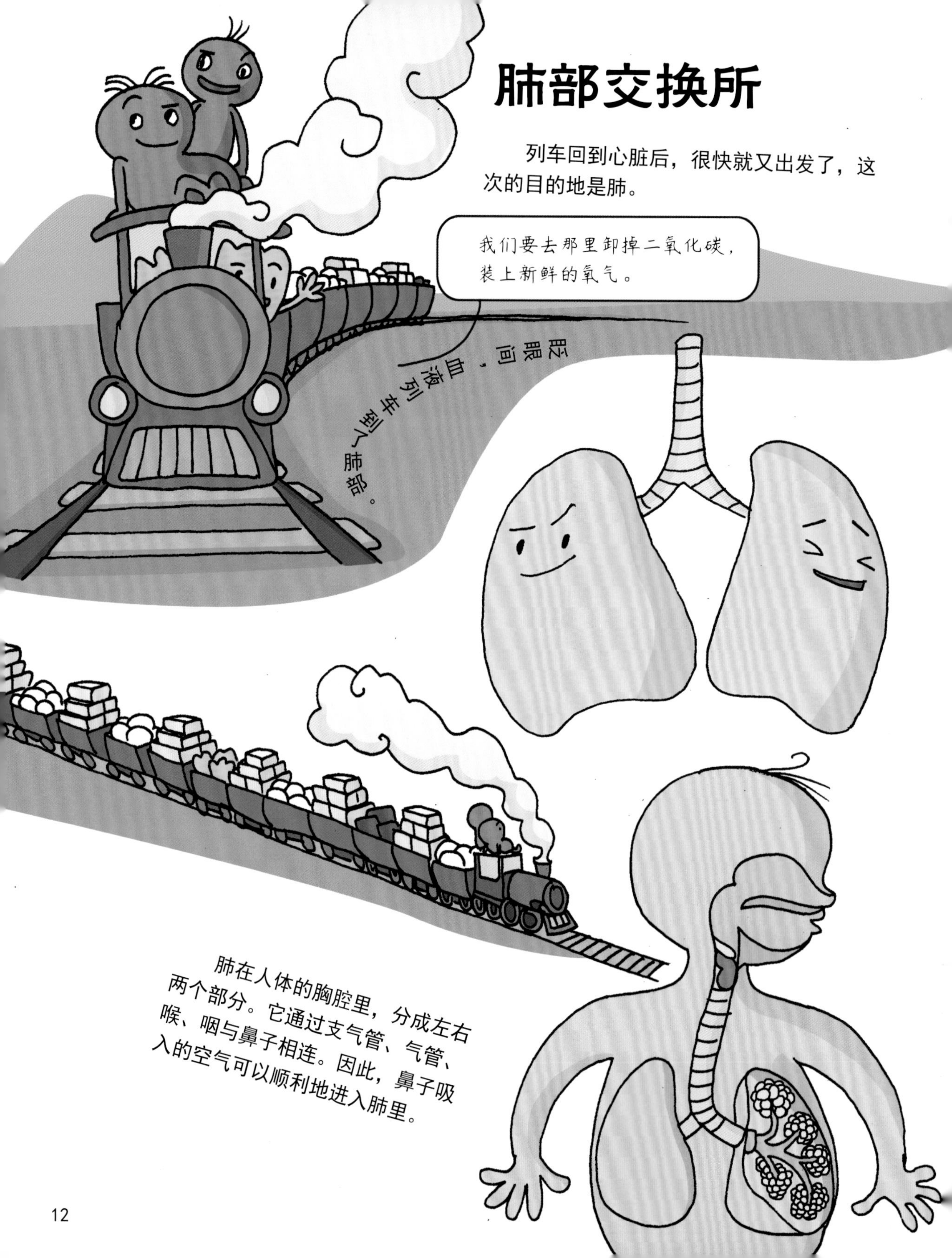

肺在人体的胸腔里，分成左右两个部分。它通过支气管、气管、喉、咽与鼻子相连。因此，鼻子吸入的空气可以顺利地进入肺里。

肺像气球。当人吸气的时候，肺就会膨胀变大；呼气时，肺会收缩变小。

肺里的支气管可以分成无数细支气管，细支气管的末端有许多小泡泡，叫作肺泡。气体的交换就是通过肺泡进行的。

肺泡上有许多毛细血管。血液列车就在这里把肺泡里的氧气装上车，再把车上的二氧化碳卸进肺泡里，最后通过呼气把二氧化碳排出体外。

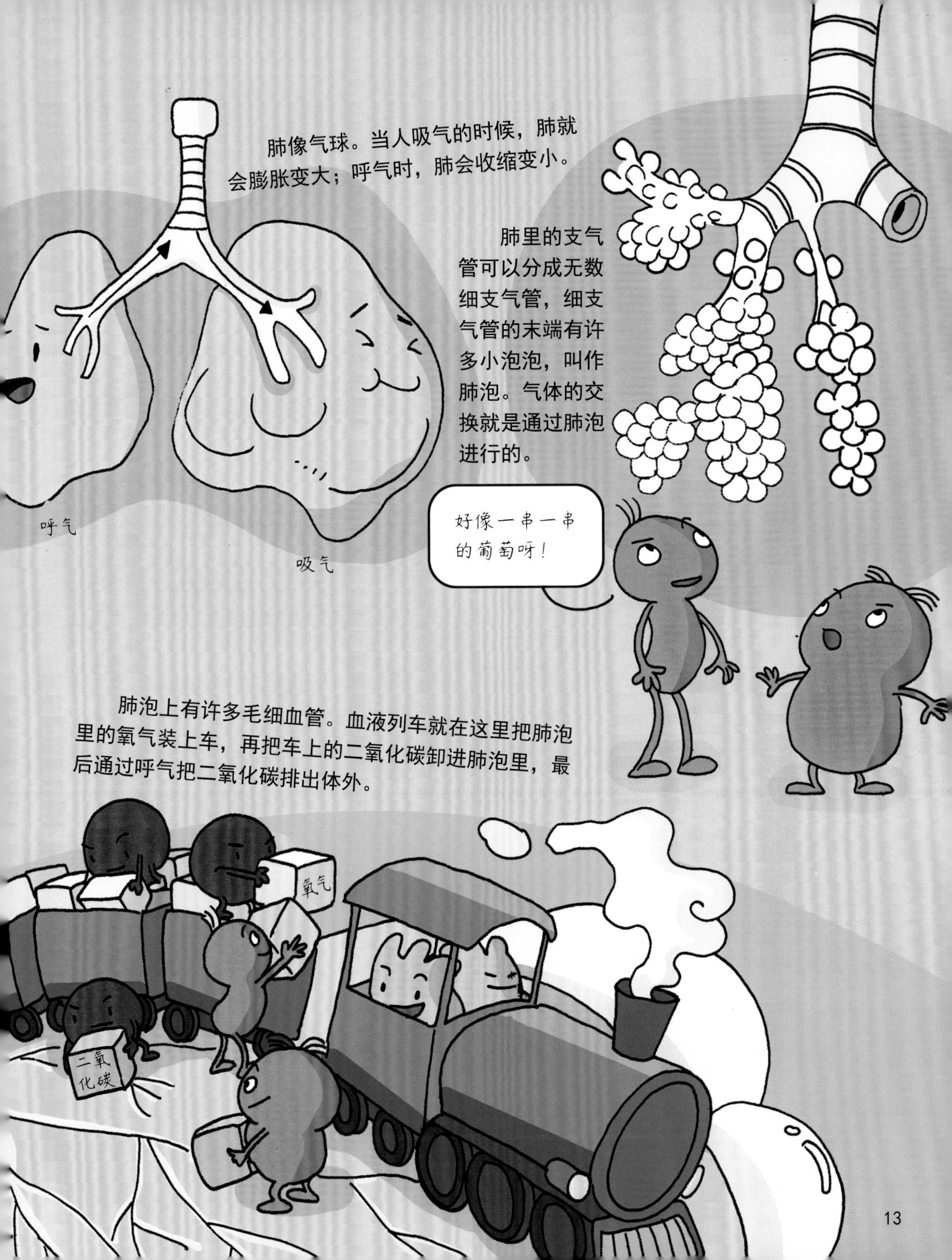

垃圾怎么处理

血液列车装好氧气后回到心脏，会再次被心脏发送出去。这一次，要进行一段漫长的旅途。

它把氧气带到人体内每一个需要的地方，再把人体内产生的二氧化碳装载上车。营养成分也会同时送到每一处组织。每一处组织产生的垃圾也会被装上列车带走。

血液列车装载的垃圾中，有一些是非常危险的。
这是什么东西？
不要碰，这些垃圾有毒！
危险品
这些有毒的危险品该怎么处理呢？别急，人体内部自有处理的办法。血液列车会带着这些危险品，奔向肝脏——人体内最大的器官。
你们不怕吗？
对我们来说小菜一碟。
肝脏是很厉害的解毒工厂。这些有毒的危险品经过它的处理，就会变成普通的垃圾。

接下来，血液列车装满垃圾奔向下一站——肾脏。肾脏在腰部脊椎两侧，左右各一个。
很像一对大扁豆呀。
肾脏具有清洁功能，能把血液中的垃圾处理掉，让血液重新变干净。
禁止随地小便
肾脏把垃圾溶解在水里，变成尿液，然后通过尿道排出体外。

你知道除了肾脏外，皮肤也可以处理垃圾吗？
是吗？
皮肤上有无数的汗腺，它们连接着毛细血管，同时还有细长的管道连接着皮肤表面。
血液会把少部分的垃圾分泌进汗腺，汗腺又会以出汗的形式，把这些垃圾排到皮肤表面。
其实，汗水和尿液非常像，只是浓度要低许多。

不同凡响的激素

清空垃圾以后，血液列车去接上了一位特殊的乘客。

在列车上，激素详细地介绍了自己。

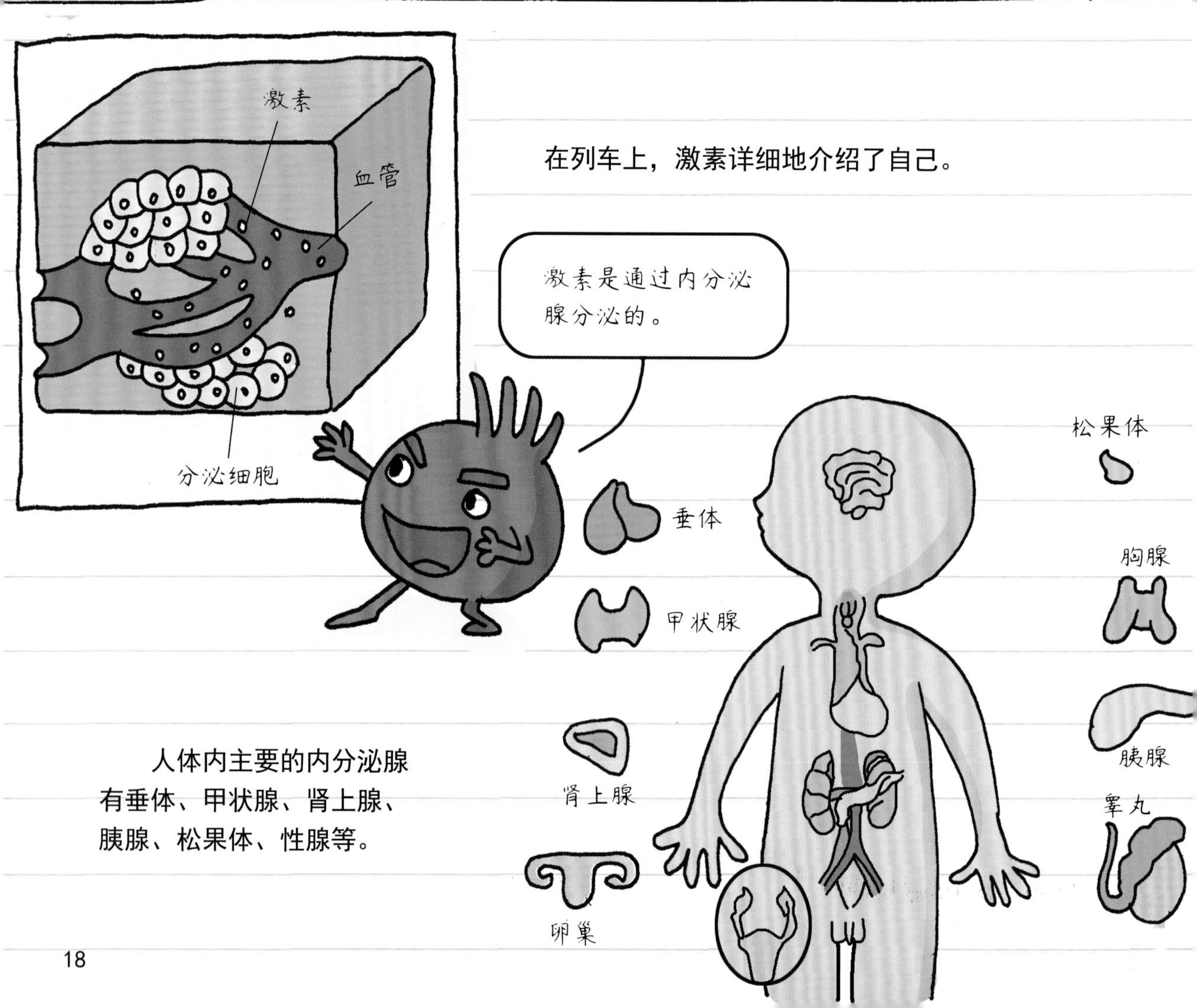

人体内主要的内分泌腺有垂体、甲状腺、肾上腺、胰腺、松果体、性腺等。

生长激素
每一个内分泌腺会分泌不同的激素。
垂体可以分泌生长激素。
甲状腺可以分泌甲状腺激素。
甲状腺激素
每一种激素都有着特定的作用。比如，男性的性腺分泌雄性激素，可以维持男性的特征，比如长胡子。
雄性激素
激素分泌要适量，如果分泌得太多或者太少，都会造成身体出现症状。
幼年分泌过多生长激素，可能会出现巨人症；而幼年分泌过少，可能会导致侏儒症。
你长这么矮，一定是得了侏儒症。

生宝宝的小秘密

性腺很特别，不仅能分泌激素，还能产生生殖细胞。爸爸们的生殖细胞叫精子，妈妈们的生殖细胞叫卵细胞。

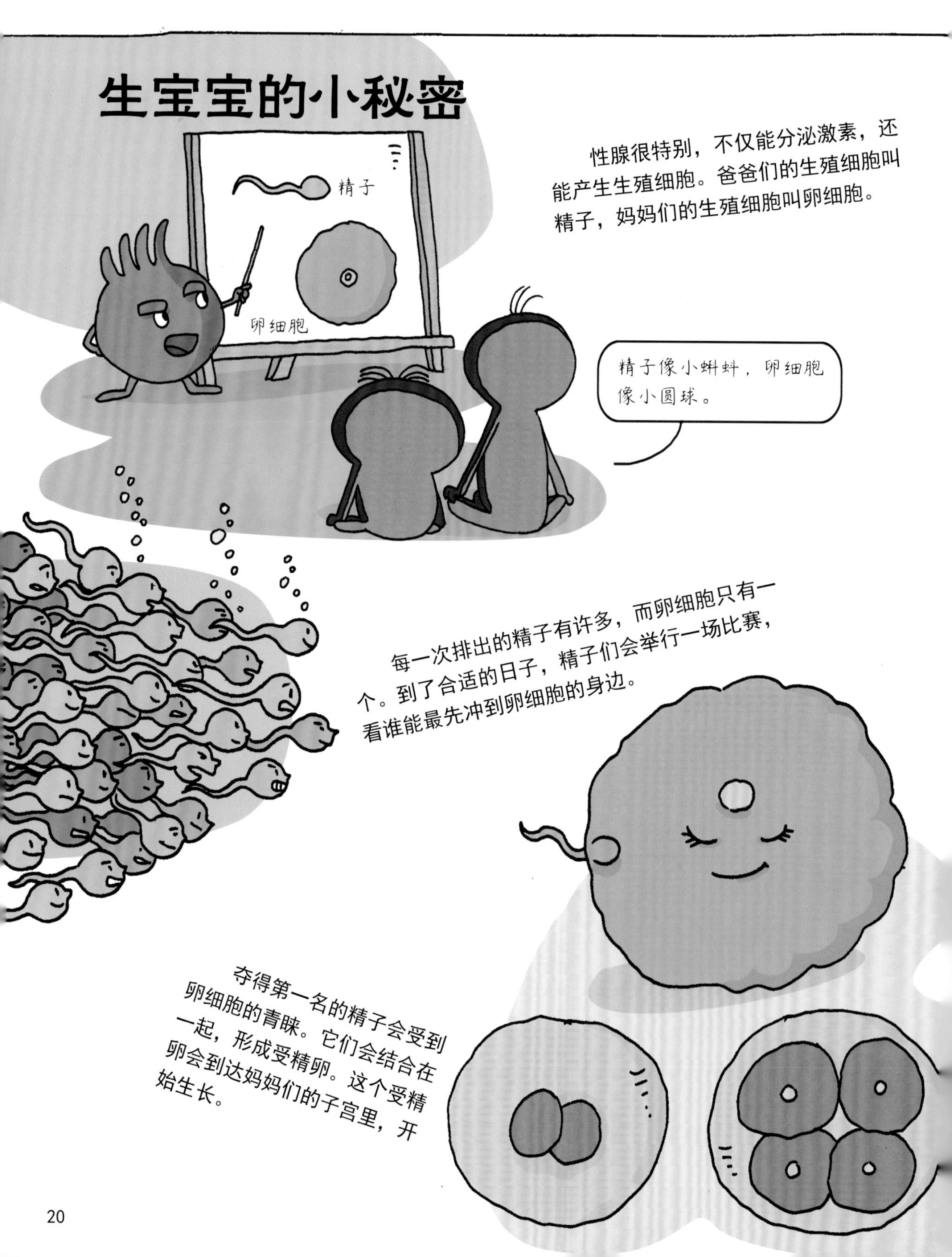

每一次排出的精子有许多，而卵细胞只有一个。到了合适的日子，精子们会举行一场比赛，看谁能最先冲到卵细胞的身边。

夺得第一名的精子会受到卵细胞的青睐。它们会结合在一起，形成受精卵。这个受精卵会到达妈妈们的子宫里，开始生长。

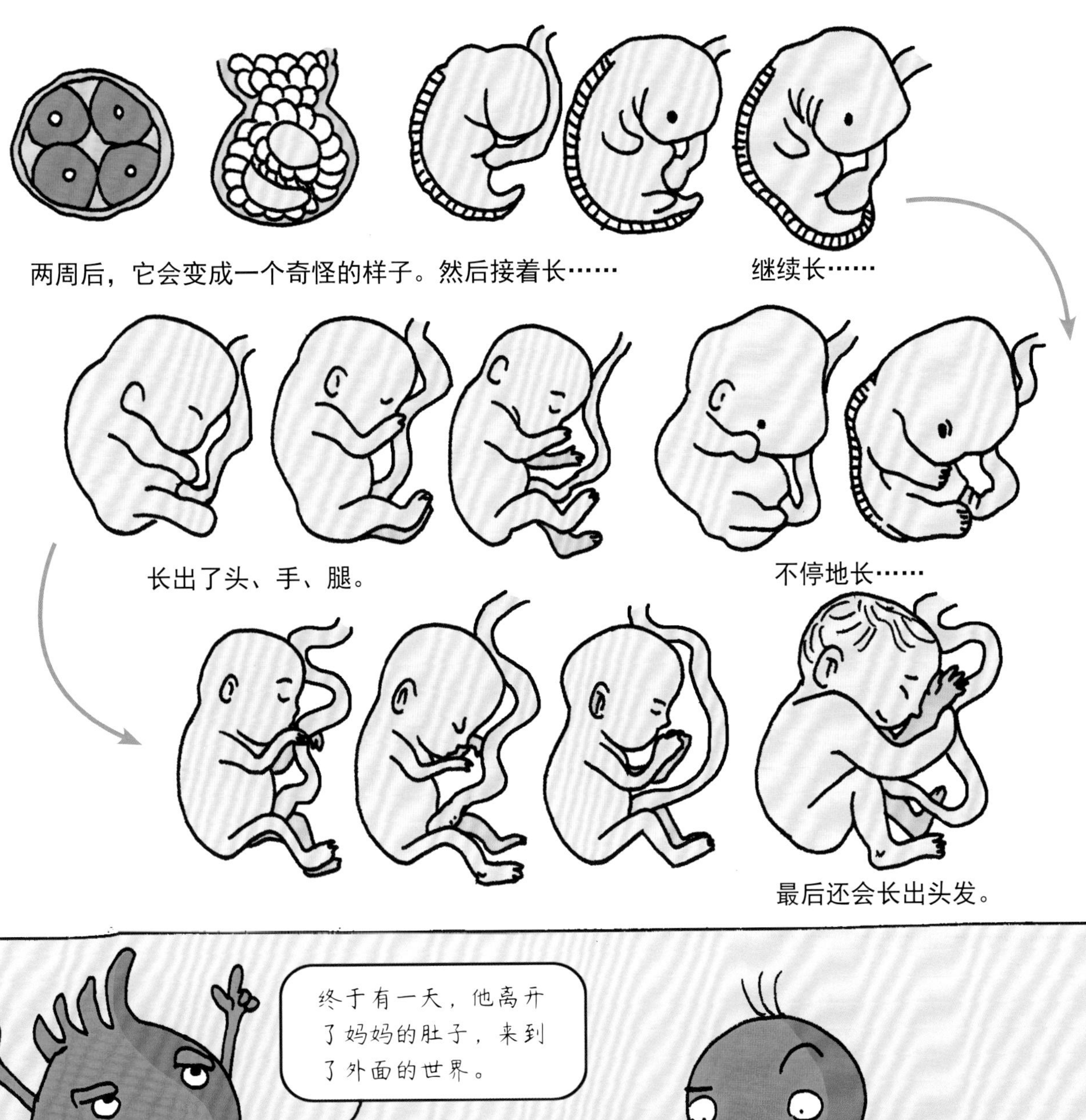
两周后，它会变成一个奇怪的样子。然后接着长……
继续长……
长出了头、手、腿。
不停地长……
最后还会长出头发。

终于有一天，他离开了妈妈的肚子，来到了外面的世界。

一场惨烈的战斗

送走了激素，血液列车准备再次出发。可周围的温度突然升高，一切都变热了。

这时，白细胞收到一条讯息。原来，有病毒侵入人体内部搞破坏，身体提高了温度，以发烧的方式来提醒防卫部队。

列车一路飞驰，很快就到达了目的地。白细胞跳下车，穿过血管，赶往事发地。

此时，事发地变成了一个混乱的战场。许多白细胞已经和病毒战斗在一起，战况非常激烈。

白细胞非常英勇，可是病毒太多了，而且还不断利用细胞繁殖。白细胞竟然落了下风。
看起来病毒们要得逞了。有一些白细胞甚至刚刚来到战场，就准备“逃跑”。
站住，你这个胆小的逃兵！
我可不是逃兵，而是侦察兵。我要把情报送到特种兵那里去。
没错，身体的防卫部队还有两种特种兵。第一种特种兵，叫作T细胞。
情报来了，情报来了。

消灭细胞，保卫人体！
我们的目标是什么？
不是消灭病毒吗？怎么变成消灭细胞了？
经过情报分析后，那些最能对付入侵病毒的T细胞被选中，并大量制造，接下来这些T细胞就要出动了。
为什么不对付病毒而对付细胞呢？
T细胞很快到达战场。果然，它们消灭的对象不是病毒，而是细胞。
我们T细胞对付的是被病毒感染的细胞。
原来，T细胞能够找出被病毒感染的细胞并消灭它们。侵入细胞里的病毒也会一起被消灭。这么一来，病毒就无法源源不断地繁殖了。

情报来了。
只剩下细胞外作乱的病毒了。这时候，就需要第二种特种兵出动了，它们就是B细胞。
B
经过分析后，能对付病毒的B细胞被选出来，像T细胞一样被大量制造。
我们现在要做什么？
不上战场。
不上战场？那怎么对付病毒呀？
这就是抗体，它们专门对付那些病毒。
原来B细胞的战斗方式比较特别，它们能生产无数的秘密武器——抗体，不需要亲自去战场，也能对付病毒。

抗体一到战场，就纷纷扑到病毒的身上。这些病毒立刻就像被麻醉了一样，失去了活力，纷纷倒地。

病毒被彻底消灭了，白细胞负责打扫战场，把死掉的细胞和病毒清扫得一干二净。

经过这场战斗后，一些T细胞和B细胞记住了病毒的档案。下次再有同样的病毒入侵，它们会立刻出动，很快就会把病毒消灭掉。

运动的奥秘

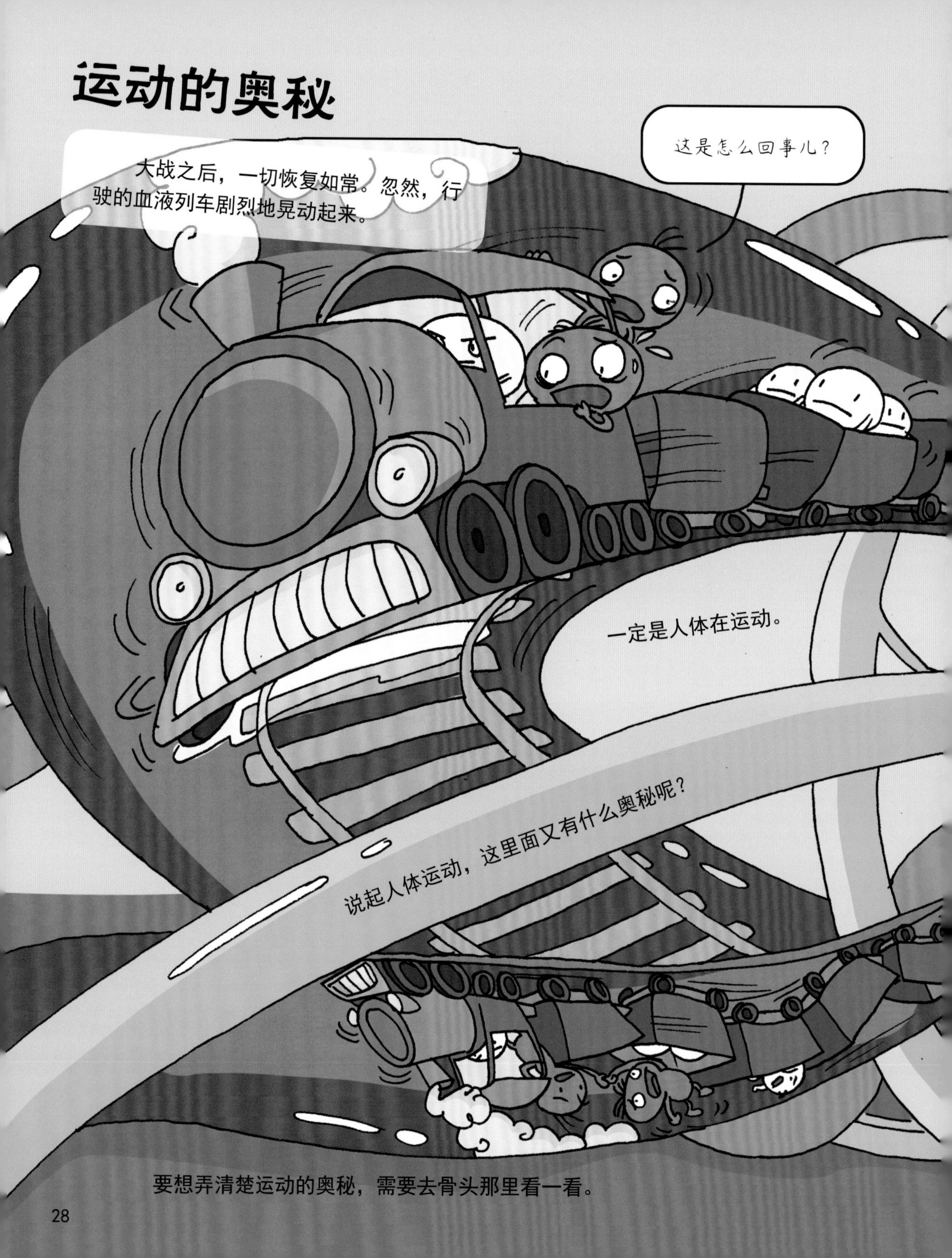

要想弄清楚运动的奥秘，需要去骨头那里看一看。

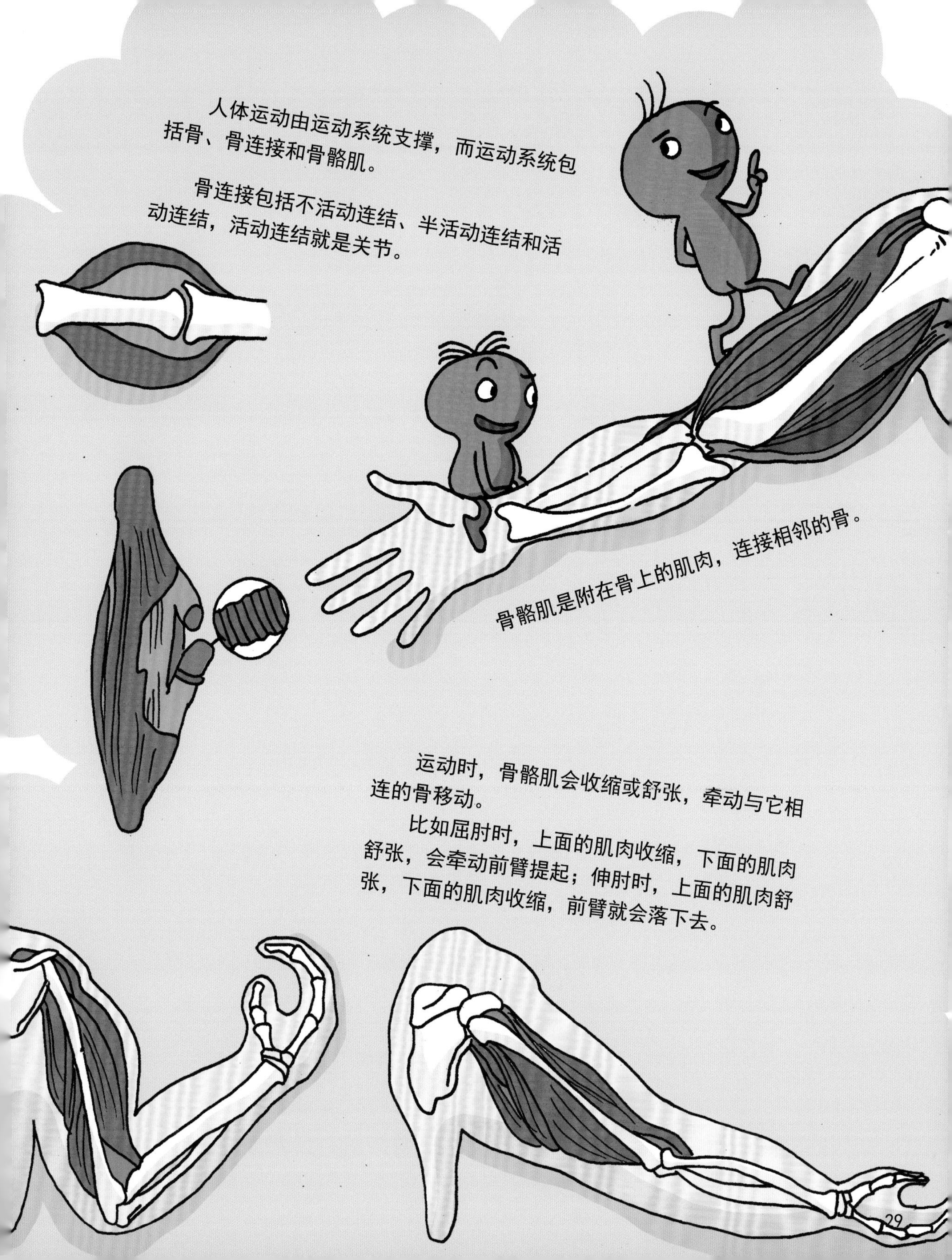

人体运动由运动系统支撑，而运动系统包括骨、骨连接和骨骼肌。

骨连接包括不活动连结、半活动连结和活动连结，活动连结就是关节。

骨骼肌是附在骨上的肌肉，连接相邻的骨。

运动时，骨骼肌会收缩或舒张，牵动与它相连的骨移动。

比如屈肘时，上面的肌肉收缩，下面的肌肉舒张，会牵动前臂提起；伸肘时，上面的肌肉舒张，下面的肌肉收缩，前臂就会落下去。

充满电的“森林”
这是什么？
忽然，人体外面传来“哎哟”一声大叫。同时，身体内的某个地方亮起了一串串的电光。
怎么回事儿？
你们好，我是神经细胞，这是由我们组成的神经系统。它们正在传递疼痛的信号。刚才人体在运动的时候摔了一下，产生了疼痛感。所以，我们要把这个信号尽快传递给大脑。
为什么会有电呢？原来，信号在神经细胞内传递时，是靠电来传导的。从一个神经细胞传递到另外一个神经细胞时，则是靠化学信号传递的。
瞧，整个神经就像这根电线一样，一节一节的，然后又相互连接。

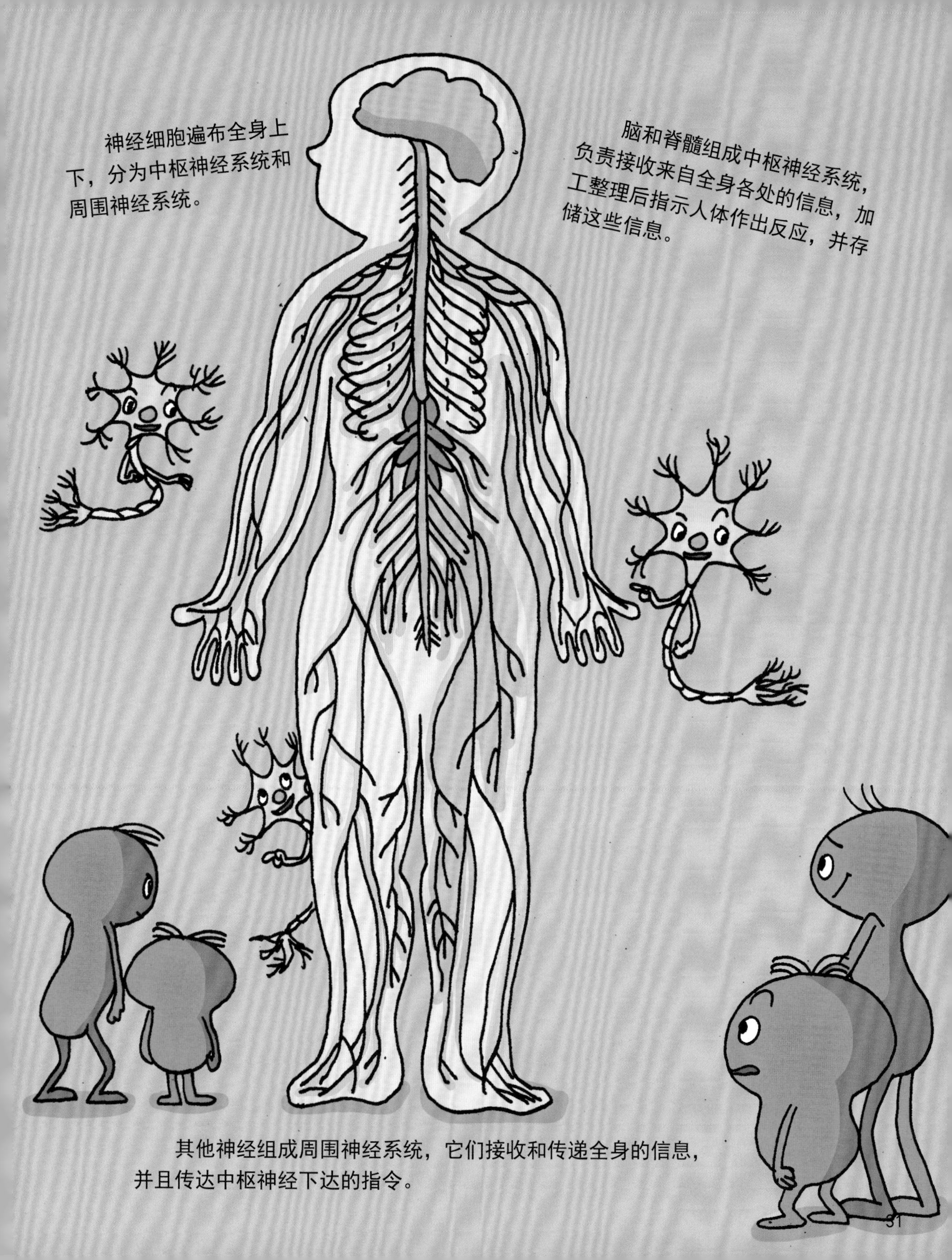

神经细胞遍布全身上下，分为中枢神经系统和周围神经系统。

脑和脊髓组成中枢神经系统，负责接收来自全身各处的信息，加工整理后指示人体作出反应，并存储这些信息。

其他神经组成周围神经系统，它们接收和传递全身的信息，并且传达中枢神经下达的指令。

不一样的感觉

神经传递的信号离不开感觉器官。

人能够看到东西，是因为视觉神经感受到了光的刺激。

耳朵能够听到声音，是因为耳朵里的听觉神经感受到了声音刺激。

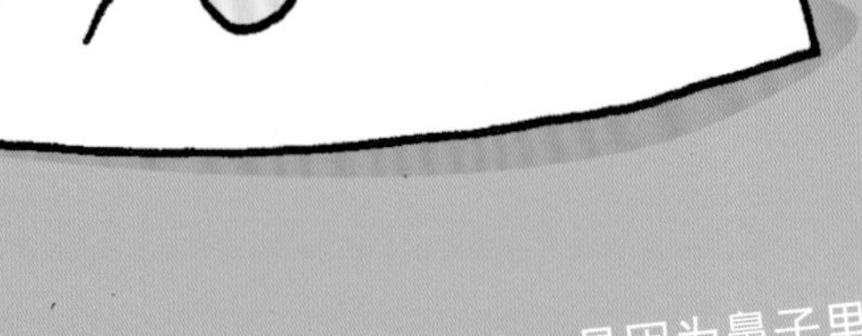

鼻子能够闻到气味，是因为鼻子里的嗅觉神经感受到了气味刺激。

舌头能尝到味道，是因为舌头上的味觉神经感受到了味道刺激。
血液列车在催了，我们该走啦！
人能感受痛、痒、冷、热，是因为皮肤上连接着相关神经，感受到了刺激。
呜！呜！呜！
这一次，血液列车要去人体的伤口处。
再见啦！
到了伤口处，血液要将伤口尽快堵住。这一趟的人体内部之旅，也就结束啦！
再见！

挑战

生物达人 小测试

人体内有一个神奇的世界，不同的器官和组织有着各自的功能和作用。看完这本书后，你是不是对自己的各种身体机能有所了解了呢？现在就来挑战一下吧！每道题目1分，看看你能得几分！

按要求选择正确的答案

1.人类个体发育的起点是（　　）。

A.精子　B.卵细胞　C.受精卵　D.婴儿

2.构成人体细胞的基本物质是（　　）。

A.脂肪　B.蛋白质　C.糖类　D.维生素

3.小肠绒毛不能直接吸收的营养物质是（　　）。

A.氨基酸　B.麦芽糖　C.维生素　D.脂肪酸

4.人体最重要的供能物质是（　　）。

A.蛋白质　B.糖类　C.脂肪　D.维生素

5.人体消化食物和吸收营养物质的主要场所是（　　）。

A.食道　B.胃　C.小肠　D.大肠

判断正误

6.动脉血管中流动脉血，静脉血管中流静脉血。（　　）

7.食物中的水也属于营养物质。（　　）

8.只要能填饱肚子，青少年不必注意饮食习惯和饮食结构。（　　）

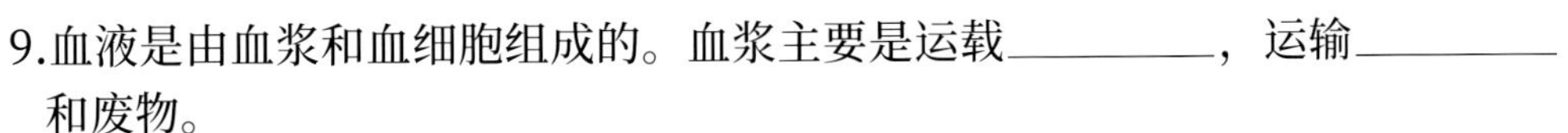

在横线上填入正确的答案

9.血液是由血浆和血细胞组成的。血浆主要是运载________，运输________和废物。

10.人类ABO血型系统包括四种血型：A型、B型、O型和________型。输血时应该以输________血为原则。输血时受血者和输血者的血型不合，受血者的血红细胞会凝集成团，阻碍血液循环而引起严重后果。

你的生物达人水平是……

哇，满分哦！恭喜你成为生物达人！说明你认真地读过本书并掌握了重要的知识点，可以自豪地向朋友展示你的实力了！

成绩不错哦！不过，一些重点、要点问题还需要你再复习一遍，争取完全掌握本书的全部内容哦！

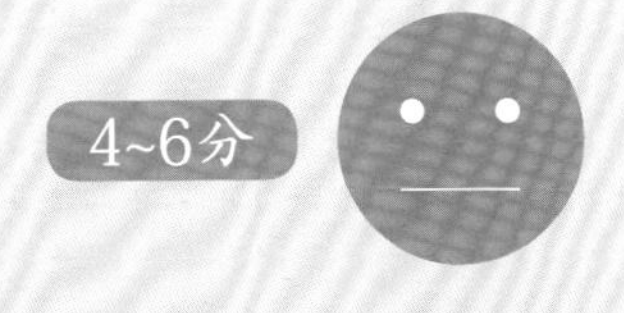

学好人体知识、掌握健康秘籍、养成良好的生活习惯，对我们是非常重要的哦，再加油好好去学一下吧！

分数有点儿低哦！没关系，重新仔细阅读一下本书的内容吧！相信你会有新的收获。

答案：1.C 2.B 3.B 4.B 5.C 6.× 7.√ 8.× 9.血细胞 营养物质 10.AB 同型

词汇表

唾液

俗称口水，一种无色稀薄的液体，可以软化食物，便于食物吞咽。

红细胞

也叫红血球，它使血液呈红色，主要负责运输氧气和二氧化碳。

白细胞

其实是无色的细胞，种类有很多，比如淋巴细胞、中性粒细胞等，主要功能是防卫和对抗侵入人体的细菌、病毒等。

血小板

血液中的特殊细胞碎片，形状不规则，含量很少，但可以迅速在创伤处形成止血栓，帮助止血。

血浆

血液中的基质，主要用来运载血细胞，运输人体生命活动所需要的营养物质和产生的废物。

气管

呼吸系统的组成部分，连接喉和肺。

支气管

气管分出的左、右两支主支气管，分别与左肺和右肺连接。

毛细血管

细小的血管，在显微镜下才能看到，分布在各个组织和器官，连接成网。